倍速講義

孫子×商業戰略

監修
守屋淳
中國古典研究家

楓 葉 社

前言

《孫子》是一部約2500年前在中國撰寫的兵法書。儘管是古老的經典，其影響力依然不減，至今仍深受許多經營者和勝負師（譯註：指賭徒或圍棋手）的喜愛與研讀。

之所以能夠歷經如此漫長的歲月被不斷閱讀傳承，原因在於其中記載了可應用於現代商業場景的戰略。然而，不可否認的是，許多《孫子》的解說書充滿了難懂的漢文和繁瑣解說，這使得讀者往往望而卻步（儘管內容非常精彩……）。

因此，本書以大量插圖和極其簡潔的文字，將《孫子》的教誨濃縮呈現，讓讀者能夠迅速理解並應用於現代商業。

讀完本書後，如果您想更深入了解《孫子》，非常歡迎閱讀我撰寫或監修的其他書籍。

守屋 淳

跨頁結構，簡單易懂！

對商業有幫助的孫子教誨，能瞬間輸入！

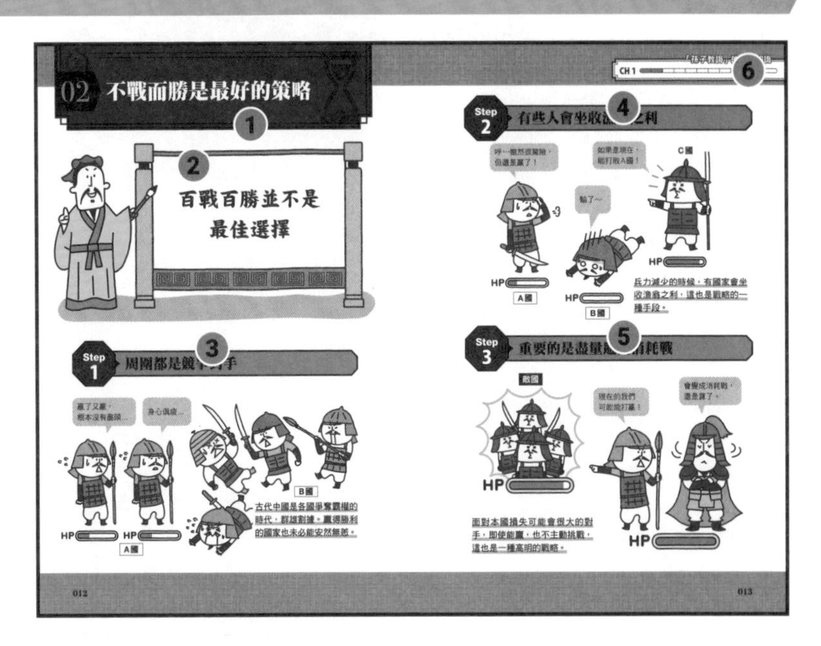

02 不戰而勝是最好的策略
1
2
百戰百勝並不是
最佳選擇
Step 1
3
贏了又贏，
根本沒有盡頭…
身心俱疲…
HP
HP
A國
B國
古代中國是各國爭奪霸權的時代，群雄割據。贏得勝利的國家也未必能安然無恙。
012
CH 1
6
Step 2
4
呼…雖然很驚險，
但還是贏了！
輸了～
如果是現在，
能打敗A國！
C國
HP
HP
A國
HP
B國
兵力減少的時候，有國家會坐收漁翁之利，這也是戰略的一種手段。
Step 3
5
敵國
HP
現在的我們
可能能打贏！
會變成消耗戰，
還是算了。
HP
面對本國損失可能會很大的對手，即使能贏，也不主動挑戰，這也是一種高明的戰略。
013

超高效的速讀版面設計

1. 展示主題和目標。
2. 提供學習概要。
3.
4. 深入了解概要的 3 個步驟。
5.
6. 顯示此章節的進度。

這是一本只需目視即可瞬間理解的超高效入門書！

Contents

Chapter 5 建立不敗的組織

Chapter

1

「孫子教誨」的基礎知識

HP
HP

《孫子》是寫於中國春秋時代的一部兵法書，至今仍可應用於現代。在本章中，我們將介紹《孫子》的基礎知識。

於 Chapter 1 登場「孫子的話語」 Part. 1

謀攻篇

「百戰百勝，非善之善者也」

（即使打了一百次仗，贏了一百次，這也不能說是最好的策略）
➡P.12、P.14

始計篇

「一曰道，二曰天，三曰地，四曰將，五曰法」

（戰爭的基本要素有五個：道、天、地、將、法）
➡P.16

始計篇

「故校之以七計而索其情」

（以七個條件來判斷雙方的優劣）
➡P.18

謀攻篇

「知彼知己，百戰不殆」

（了解敵人，了解自己，就絕對不會有敗北的可能性）
➡P.20

軍形篇

「故勝兵若以鎰稱銖，敗兵若以銖稱鎰」

（如果我方與敵方的戰力是500比1，那必勝無疑；反之，必敗無疑）
➡P.22

謀攻篇

「必以全爭於天下」

（將對手毫髮無傷地引入我方，然後再稱霸天下）
➡P.24

軍形篇

「故善戰者，立於不敗之地，而不失敵之敗也」

（善於作戰者，會將己軍置於絕對不敗的勢態，並且不放過敵人的任何漏洞）

➡P.26

軍形篇

「不可勝在己，可勝在敵」

（能否建立不敗的勢態取決於我軍的狀態，而能否找到勝機則取決於敵軍的狀態）

➡P.28

作戰篇

「故兵聞拙速，未睹巧之久也」

（聽過短期決戰成功的例子，但卻不知道有成功轉為長期戰的例子）

➡P.30

火攻篇

「夫戰勝攻取，而不修其功者凶，命曰「費留」

（即使攻破敵人，奪取敵城，如果無法達成戰爭目的，結果仍然是失敗。這被稱為「徒勞無功」的情況）

➡P.32

01 《孫子》到底是什麼？

《孫子》
是古代中國的
孫武所寫之兵法書

Step 1 寫於春秋時代的中國

我們先在這裡
撤退吧！

約在2500年前撰寫的《孫子》，是將戰爭戰略和戰術理論化的兵法書。

Step 2 書中所述是競爭的原理和原則

現在要優先
確保水源！
應該走道路A！
A
B

什麼應該優先，朝哪個方向前進？競爭的原理和原則寫在《孫子》中，至今仍然可以充分利用。

Step 3 要活用它，需要提升抽象度

戰亂的時代
可以直接
參考《孫子》！
日常
抽象地解釋《孫子》，
似乎也能應用於
當前的工作！
現代
學校
商業

透過將《孫子》用現代的說法進行解釋，能在各種場景中應用。

02 不戰而勝是最好的策略

百戰百勝並不是
最佳選擇

Step 1 周圍都是競爭對手

贏了又贏，
根本沒有盡頭…
身心俱疲…
HP
HP
A國
B國

古代中國是各國爭奪霸權的時代，群雄割據。贏得勝利的國家也未必能安然無恙。

Step 2 有些人會坐收漁翁之利

呼…雖然很驚險，但還是贏了！
如果是現在，能打敗A國！
C國
輸了～
HP
HP
A國
HP
B國

兵力減少的時候，有國家會坐收漁翁之利，這也是戰略的一種手段。

Step 3 重要的是盡量避免消耗戰

敵國
現在的我們可能能打贏！
會變成消耗戰，還是算了。
HP
HP

面對本國損失可能會很大的對手，即使能贏，也不主動挑戰，這也是一種高明的戰略。

▶▶商業實例

03 孫正義的《孫子》活用法

利用併購（M&A）

Step 1 進入新行業

為了擴大利益，想挑戰新的行業！
人才怎麼處理？
設備怎麼辦？
孫正義
是否有勝算呢…

商業可以說是一場國土爭奪戰。為了擴大事業，有進入新行業的方法。

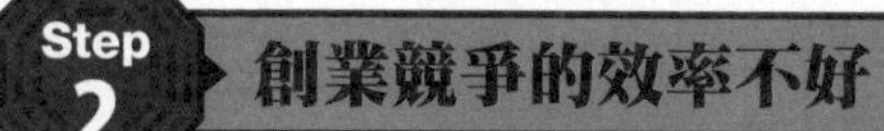

Step 2 創業競爭的效率不好

我想儘可能
在短時間內
產出結果…
培養人才
需要時間啊！
會不會太無謀？
time
time
¥
¥
新的設備投資
需要金錢和時間。

雖然說要進入新的行業，但創業從零開始的話，所需的勞力實在太大了。

Step 3 透過收購現有公司來進入市場

不戰而勝啊！
SoftBank
GungHo
如果是M&A（企業的收購和合併），那麼就能省去人才培養和設備投資！
M&A
我期待著！
我會努力的！

多次使用M&A的就是SoftBank的孫正義社長。在這一手法受到批評時，他反駁道：「不戰而勝」。

參考《孫正義インターネット財閥経営（孫正義的網路財閥經營，暫譯）》（滝田誠一郎著/實業之日本社）

04 勝負的判斷基準有5項

在戰鬥之前
應準備的5項規則

Step 1 「①組織的理念」

將軍和士兵的
目標必須一致！

公司也需要全體
員工共享社訓或
理念！

無論是在戰爭中還是在公司中，大家朝著同一方向前進是非常重要的。

本公司的理念

支援消費者的生活

社長　新人

是一個很棒的
理念呢！

Step 2 「②時機」和「③基礎設施、環境」

時期

陰暗小巷
站前廣場

地形

戰爭中
需要確定
時機和地形！

如果用商業來比喻，
就是時機和環境。

在進行事情時，不僅要考慮時機，還要考慮基礎設施和環境。

Step 3 「④領導者的能力」和「⑤管理」

←領導者
步兵部隊
騎兵部隊
後方支援
救護隊
出發！

除了將軍的才能，
組織力也是必不可
少的！

無能的領導者和
組織在商業上也
是無法獲勝的。

除了指揮的人外，組織是否能夠協調統一也是決定勝敗的重要因素。

05 與競爭對手優劣比較的要點

戰鬥與否
有7個要點

Step 1 比較人員的優劣

下次會議的資料準備好了嗎？

真是一位總是關心部下的好上司！

①上司的優劣

②個別員工的優劣

我不是說不要遲到嗎！

請不要使用暴力！

ボコ

負責人和員工的優劣一目瞭然。

在比較人員的優劣時，有兩種類型：①將軍（負責人）、②兵卒（員工）。

Step 2 比較組織和管理能力

③自家理念的滲透程度　④管理和技術的優秀程度

⑤管理的公平性　⑥組織的凝聚程度

能夠說出
公司理念的人！
今年的獎金
分3次發放
遲到的人
將減薪
能夠說出
公司理念的人！

是的！

在戰爭和商業中，組織的凝聚程度和管理能力高低都是非常重要的。

這邊的組織
實在太糟糕了…

Step 3 根據時機進行比較

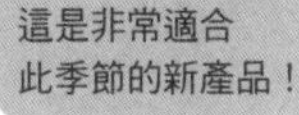

⑦新業務或技術導入的時機

本來應該推出新產品，
卻來不及了…
這是非常適合
此季節的新產品！

哎呀～

不論人和組織多麼優秀，如果時機不好，也無法確保獲勝。

06 判斷是否應該戰鬥

了解自己與對手的
實力對比
是非常重要的

Step 1 不進行樂觀的預測

不用準備那麼多，
也能打敗A國吧～

稍微休息一下～

不該憑藉樂觀預測
去挑戰戰鬥！

誤判實力將成為失敗的原因。不進行樂觀的預測，而是著眼於現實的數據。

Step 2 客觀的數據很重要

我國
既然沒有壓倒性的優勢，
或許不戰鬥比較好。

敵國

自己與對手的實力對比，
只有在客觀的數據齊全時
才能進行比較。

Step 3 收集情報者的眼力也很重要

什麼？ 敵人
只有3個嘛～
不對！
敵人還藏在建築物
裡面！

客觀數據也需要考慮到數據
收集者的準確性。

07 如果自己實力較弱，加入強者旗下也是一種方法

如果實力
差距懸殊，
必定會輸

Step 1 選擇只有逃跑或是不戰

完全沒有
勝算的感覺…
登登登
怎麼辦？
逃跑
不戰

在實力差距懸殊的情況下，要想生存下來，最明智的做法是避免衝突發生。

Step 2 在商業上，選擇逃避是很困難的

我們隔壁開了一家大型超市！
雖然想逃，但搬遷哪有
那麼容易……
烤雞串
新開張
○○超級市場
烤雞串還是去
超市買吧～
畢竟超市的
比較便宜嘛～

在商業情況下，像戰爭一樣選擇逃跑，往往是不可能的。

Step 3 可以選擇不戰鬥

○○超級市場
熱騰騰的烤雞串
請讓我們一起
做生意吧！
可以啊！
歡迎光臨～

即便逃跑很困難，加入對方旗下仍然可以成為一種不戰而存活的選擇。

08 如果對方很弱，那就讓他成為你的夥伴

把對方變成盟友，
自己就能壯大

Step 1 即便對方很弱，也無法毫髮無傷

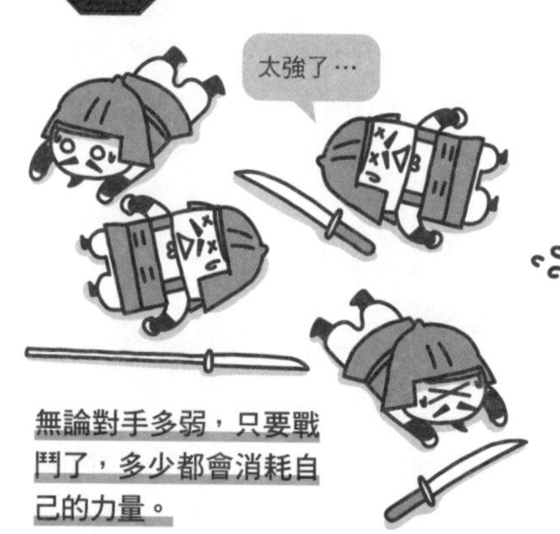

太強了…

雖然贏了，
但我受傷了…

果然戰爭還是
讓人疲憊～

無論對手多弱，只要戰鬥了，多少都會消耗自己的力量。

Step 2 起初讓對方成為夥伴，可保持毫髮無傷

一起合作
擴大勢力吧！
成為夥伴後，
就不會有耗損了！
不用打仗
真是太好了！
我國
敵國

如果把敵國變成夥伴，既能增加盟友又能消滅對手，避免因戰鬥而受傷的風險。

Step 3 就商業來說，就像是企業併購（M&A）

合作一起
擴大事業吧！
強敵變成了
盟友！
BRAND
品牌知名度
成長潛力
客戶數量
技術實力
A公司
B公司

透過企業併購（M&A），可以化解與競爭對手的敵對關係，並作為盟友共同合作。

09 戰鬥並不是非勝即敗的二元論

如果沒分出勝負，
那就是不敗

Step 1 人們總是傾向於用勝敗來思考

我輸了…
Win
Lose
or
我贏了！

許多人習慣以勝或敗的二元論來判斷事物。

Step 2 有時會出現既沒有贏也沒有輸的情況

形勢不利，
但還沒有分出勝負！
雙方幾乎勢均力敵啊～
優勢在我們這邊，
但勝負還沒出來！
只要沒輸，
就是不敗！
企業對抗
排球比賽
19
20
A公司
B公司

在雙方勢均力敵的情況下，勝負不斷變化，處於不敗的狀態，只要不輸就是「不敗」。

Step 3 不敗的狀態可以透過努力來維持

還早呢～
真是驚人
的毅力！
別想這麼輕易就贏！
企業對抗
排球比賽
199
200
A公司
B公司

如果雙方實力相當，那麼透過努力就有可能維持不敗的局面。

10 維持不敗，抓住勝機

對手露出破綻時，
就是攻擊的好機會

Step 1 對手有時會陷入混亂

我受夠
這家公司了！
我絕不會原諒
當時的失敗！
醜聞
內鬥
B公司
看來我們的
競爭對手A公司
狀況不太好～
A公司
我們的公司可能
撐不下去了…

只要透過努力維持不敗，對手有時會因為內部問題而失去平衡。

Step 2 若要取勝，弱點就是狙擊的目標

負擔
負擔太重，
無法行動…
獲勝機會
來臨了！
終於可以
獲勝了呢～

當對手受到損傷時，正是擺脫不敗，獲得勝利的好機會。

Step 3 力量差距過於懸殊，就無法維持不敗

嗯～
C公司

這招對於力量差距
過大的C公司來說
不太管用…
B公司
A公司

只有在雙方力量差距相對接近的情況下，才能保持不敗的狀態並尋找獲勝的機會。

11 進行勝負時只應進行短期決戰

若無法在
短期內獲勝，
就不應該戰鬥

Step 1 單方面結束戰鬥是很困難的

讓我們現在就
結束戰爭吧？
你們輸了哦！
不許逃跑取勝！
必須勝負分明
到結束為止！

戰鬥即使一方希望結束，若對方不予認可，則可能會持續很久。

Step 2 重要的是能在短期內結束

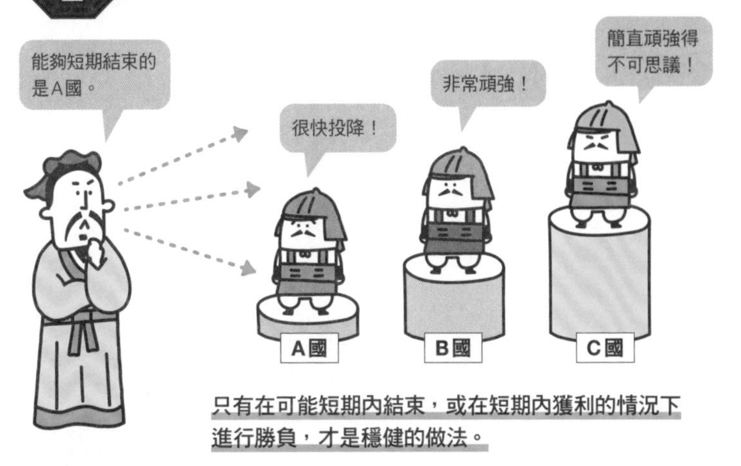
能夠短期結束的是A國。
很快投降！
非常頑強！
簡直頑強得不可思議！
A國
B國
C國

只有在可能短期內結束，或在短期內獲利的情況下進行勝負，才是穩健的做法。

Step 3 在商業判斷中，短期也是關鍵

開發事業部
再堅持一下，就能迎來成功！
咚！
追加資金
我們已經投入巨額資金…現在無法回頭！
要死就一起死，我會把所有的資源都投入！
社長

在商業中，如果無法及時止損，避免致命損傷，就有可能失去一切。

12 戰爭的規模無法事前預測

戰爭
充滿不確定性

Step 1 戰爭和野火很相似

這場戰爭到底
還要持續多久…
戰爭
不知道火勢會
蔓延到哪裡…
先逃吧！
野火

無法確定規模的野火，與無法單方面結束且可能成為長期戰的戰爭，有相似之處。

Step 2 股價和資產的前景也不明朗

股價

暴跌的可能性

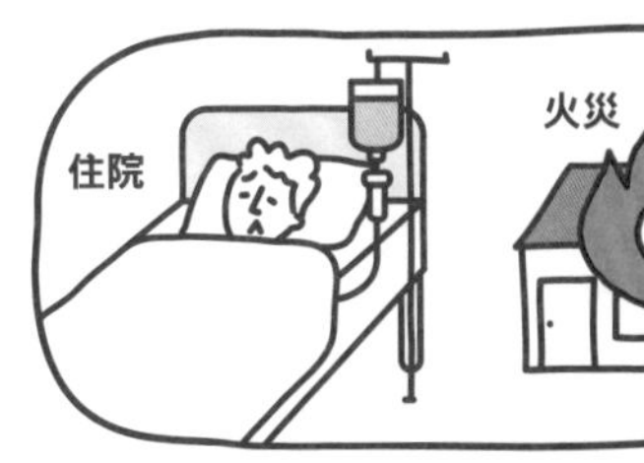
住院
火災

發生意外時的開銷

就像野火或戰爭一樣，股價和資產的未來走向也是不透明、充滿不確定性。

災難何時結束是無法預料的。

Step 3 因此只有短期決戰或保持不敗的選擇

短期結束是最好的選擇！
勝利
短期
長期

如果持續拖延，只能堅持不敗！
不敗

無論是戰爭還是商業，關鍵在於如何具備短期終結的條件。即使不成功，只要維持不敗的狀態，就不算輸。

Column 1

《孫子》由13篇構成

孫武將自己的軍事理論整理成包含13篇的書籍。
每個篇章中記載了以下內容。

戰爭的心得與事前準備

- ▶「始計篇」關於開戰前的心態準備與需要考慮的事項
- ▶「作戰篇」關於戰鬥準備計畫
- ▶「謀攻篇」關於不戰而勝的方法

為了理想勝利做準備

- ▶「軍形篇」關於攻擊與防守所需的狀態與形勢
- ▶「兵勢篇」關於軍隊的士氣與聲勢
- ▶「虛實篇」掌握戰鬥主導權的方法

戰鬥中的指揮方式

- ▶「軍爭篇」制敵先機的方法
- ▶「九變篇」如何隨戰局變化靈活應對
- ▶「行軍篇」進軍時應注意的事項
- ▶「地形篇」運用地形的戰術
- ▶「九地篇」關於9種地形及相應的戰術

具體戰術的實踐方法

- ▶「火攻篇」關於火攻的戰術
- ▶「用間篇」關於使用間諜的戰術

Chapter

2

需要掌握的「孫子教誨」

被譽為不朽名著的《孫子》。我們將介紹其核心教誨，並結合現代商業場景加以解讀。

Chapter 2 於登場「孫子的話語」 Part.2

虛實篇

「作之而知動靜之理」

（引誘敵人，觀察他們的反應）

➡P.38

地形篇

「知天知地，勝乃可全」

（順天時、得地利而戰者，常立於不敗之地）

➡P.40

軍爭篇

「不用鄉導者，不能得地利」

（如果沒有指路者的指引，便無法獲得地利）

➡P.42

虛實篇

「凡先處戰地而待敵者佚，後處戰地而趨戰者勞」

（若先於敵人抵達戰場並迎擊對手，便能從容不迫地作戰。
若遲於敵人到達戰場，將面臨艱難的戰鬥）

➡P.44

軍爭篇

「以近待遠，以佚待勞，以飽待饑」

（在有利的地點佈陣，等待遠道而來的敵人；充分休養，等待敵人的疲憊；
吃飽喝足，等待敵人的飢餓）

➡P.46

兵勢篇

「兵之所加，如以碫投卵者，虛實是也」

（正因為以充足的戰力攻擊敵人的薄弱點，才能像用石頭砸碎雞蛋一樣輕易擊敗
敵人）

➡P.48

九變篇

「恃吾有以待之」

（依靠我們的防備，讓敵人放棄進攻的念頭）

➡P.50

虛實篇

「夫兵形象水」

（戰鬥必須如同水流般靈活應變）

➡P.52、P.54

火攻篇

「亡國不可以復存，死者不可以復生」

（國家一旦滅亡便無法挽回，人若是逝去則再也無法復生）

➡P.56

01 採取動搖戰術來探尋對手的弱點

觀察敵方的動向
以找到進攻的機會

Step 1 引誘對手行動

試著動搖對方看看…
B公司根本追不上我們公司吧～
B公司
我絕對要超越你們！
A公司

刻意採取動搖戰術，讓對方被迫採取某些行動。

Step 2 觀察對手的動作

B公司變得愈來愈忙碌了～
A公司

A公司正在懷疑！我馬上就要完成新產品！
B公司

觀察對手的出手，探尋他們重視什麼，以及準備的程度。

Step 3 找出對方的弱點以打亂狀態

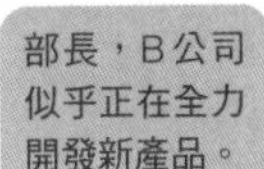
部長，B公司似乎正在全力開發新產品。

我帶來了B公司的新產品樣品！
樣品
開發

好的…我要發表進行中的專案，打擊B公司的先機！

如果了解對方重視的事項並將其作為行動的依據，就可以針對這些重點發起攻擊。

02 尋找對手的弱點可以擴展視野

了解土地的特性，
就能在敵人的
根據地戰鬥

Step 1 在敵地作戰時，地利在敵方手中

在敵人的根據地作戰時，地利顯然在對方手中，這意味著我們將面臨不利的局面。

山田製菓OO分公司

這裡是敵人的地盤，
果然非常棘手…

佐藤製菓總公司

Step 2 詳細了解那片土地

向當地居民
聽取真實的意見

這裡似乎是一個育兒世代媽媽們和10～20歲女孩居多的地方。

四處走訪
掌握該地的特性

從內部人士獲取
對手的情報

要扭轉不利的戰局，訊息收集至關重要，應以廣闊的視野對該地進行研究。

Step 3 熟知土地後，勝機便會浮現

佐藤製菓似乎對年輕女性市場的甜點沒有特別在意。
原來如此，那就可以在這裡找到機會！
把握佐藤製菓狀況不佳的時機，就能提高勝率！

知曉土地後，敵人的弱點便會顯現。要在敵方勢力削弱之時，以充分的準備進行突襲。

03 從可信賴之人獲取訊息是關鍵

是否精通
會造成巨大的差異

Step 1 盲目作戰只會導致失敗

本來想說這條沿河平原適合進軍的…
但沒人告訴我這裡的地面會這麼泥濘！

在訊息不足且陌生的土地上輕率行動是極其魯莽的，這像一開始就注定要走向失敗。

Step 2 重要的是任用向導

山間小路較容易行走，遇到伏兵的機會也較少…
嗯，雖然繞遠了，但這是最好的選擇！

從熟悉當地的人獲取訊息，充分了解有利與不利之處後再行動吧。

Step 3 獲取可靠訊息對於商業也是大有幫助

原來如此，調查確實很重要～

您已理解這地區的特殊性了嗎？

獲取正確的情報是通往勝利的捷徑！

在商業世界中，提前從可信賴的人物那裡獲取訊息，等同於獲得了地利。

04 比對手搶先佔據有利位置更為重要

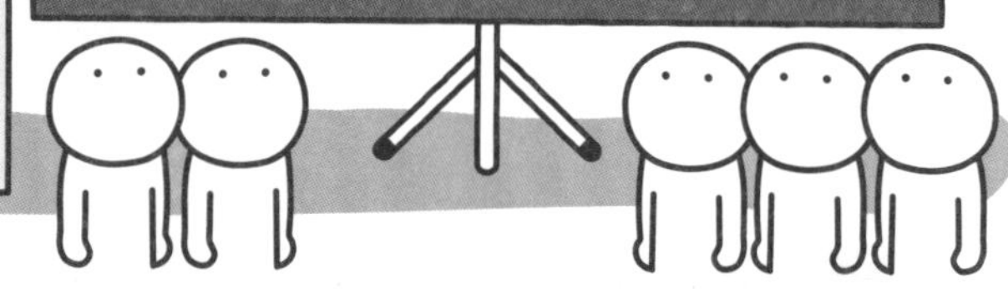

先發制人就能
封鎖對手的行動

Step 1 好的位置總是先下手為強

我們的行動全暴露在對手眼中！
糟糕，山丘上的位置被對方搶先佔據了…

必須避免要害被對手先一步掌握，這將決定勝負的關鍵。

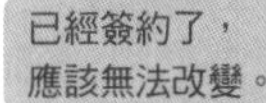

Step 2 在商業上先驅總是佔有優勢

已經簽約了，
應該無法改變。
能否再想想辦法…
A

A區幾乎都已經先被被競爭對手掌控了！
嗯，擴展銷路看起來會非常困難…
B

開闢新市場或率先進入市場，確保優勢並獲得先驅利益，是商業上的基本原則。

Step 3 要小心競爭對手為誘導而設下的陷阱

A
D
E
B
C
等一下！
或許競爭對手真正的目標是E區，故意讓我們關注C區！

看來競爭對手正在從A區擴展到D區的銷路！

在他們忙於小的D區時，我們就拿下C區！

假裝專注於與真正目標無關的區域來牽制對手，然後趁機搶佔先機，是一種有效的戰略。

05 如果沒有充裕的準備，就無法戰勝競爭對手

讓環境和身體
都成為自己的盟友

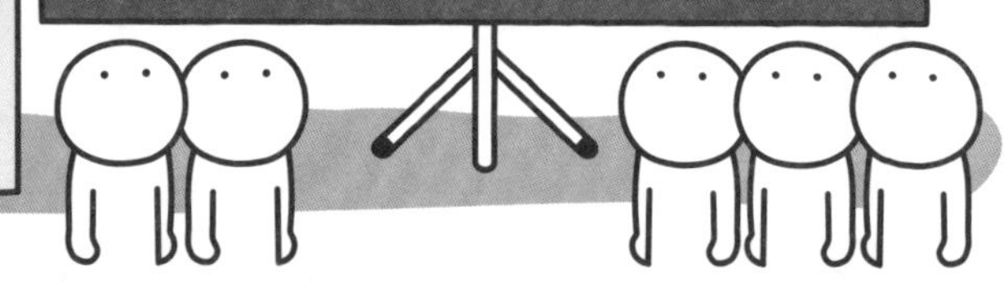

Step 1 遠征途中士兵們已經疲憊不堪

先稍微
休息一下吧…

目的地還遠得很，
加快速度！

GOAL

我太累了，
動不了啦！

遠征會使軍隊筋疲力盡。行軍距離愈長，掉隊的人也會愈多，等到達目的地時，士兵們已經精疲力竭。

Step 2 保持良好精力狀態將獲得顯著優勢

充分休息且吃得好，
準備萬全！
敵軍疲憊不堪，
是我們的機會！
進軍迎擊他們！
GOAL
終於到了，
已經動不了…

我軍保持充沛的準備狀態，而敵人因遠征疲憊不堪，如此便能創造有利的戰局。

Step 3 環境和身體都可以成為力量的泉源

佔據地利並養好體力，能在戰鬥中占據優勢。

我們佔領了
視野良好的位置！
在商業領域中，
此道理同樣適用！

06 龐大的規模本身就是戰力

物資的多寡取決於
管理能力的有無

Step 1 中小企業無法與大企業抗衡

明明那麼努力了…
沒辦法啊，
對大公司就
是贏不了…
人才
資本力
生產力
信用度
你們根本不是
我們的對手～

物資的差距決定勝負。不僅在戰場，在商業上，中小企業如果正面迎戰，是無法戰勝大企業的。

Step 2 若無法掌握統管，力量便無法發揮

面對擁有物資
優勢的對手，
無論做什麼都
無法取勝嗎？
不一定！
如果統管混亂，
數量的優勢
就形同虛設。

唯有在完善的管理與整體統制下，數量的優勢才能真正發揮作用。

Step 3 即便是大企業，也有部門資源不足

大軍也必有弱點。
要準確找出並加以
攻擊！
競爭對手的大公司
在企劃力上較弱。
我們就在這方面
展開攻勢！
嗯…企劃力似乎
比較薄弱…

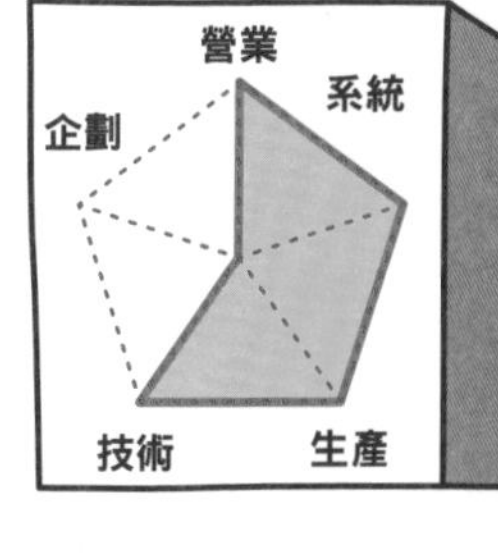
營業
系統
企劃
技術
生產

無論軍隊還是企業，規模愈大愈容易出現資源分配的不均衡。找到那些薄弱之處，並發起挑戰。

07 無論何時，都要做好萬全的準備

有備無患

Step 1 在戰亂的時代，隨時有可能遭遇敵人

敵人來攻打時，
只要擊退就行了吧，
總會有辦法的～
隨時該做好準備，
應對任何敵人！

在戰亂的時代，任何一點應對的遲緩都可能致命。應該考慮所有可能性，做好充分的準備。

Step 2 建立能夠承受任何攻擊的防禦狀態

成功防住了敵人的奇襲！
辛苦了，接下來交給我吧！

應該隨時準備好防禦，能應對任何敵人。以靈活且堅固的防備狀態迎接戰鬥。

Step 3 能否堅守到勝機出現也是關鍵

我軍的情勢好轉了呢！
嗯，立即發起進攻吧！

在決定勝負之前應該穩固防守，避免損耗。一旦勝機出現，立刻轉守為攻。

08 戰鬥方式會隨著情勢而變化

要保持靈活性

Step 1 這個世界時刻在變化

沒有永恆的事物，
萬物必定會改變。
春夏秋冬
月有陰晴圓缺

四季交替、月亮盈虧等，世間的一切事物都在不斷變化，沒有任何事物是恆久不變的。

Step 2 商業環境也在不斷變化

用上次一樣的
方法不行嗎？

不行！這次情況
可能不同啊！

輕易沿襲前例
就跟沒思考一樣。

商業世界日新月異，上次的成功策略不一定能在此次奏效，僅依賴過去的經驗可能會導致失敗。

Step 3 適應敵人和情勢的人才能勝出

水會隨形勢靈活流動，
軍隊也應該以此為榜樣！
畢竟敵人和周圍環境
每次都不一樣呢。

像水根據地形改變形狀一樣，時刻掌握自己的處境並適應才是關鍵。

▶▶商業實例

09 村井勝的《孫子》活用法

根據情況靈活應對

Step 1 企業會制定年度或中期的經營計劃

我們公司基本上是
按照年度計劃來運作。

我們公司是每3年
制定一次計劃。

原來如此，
我們公司的情況不同。

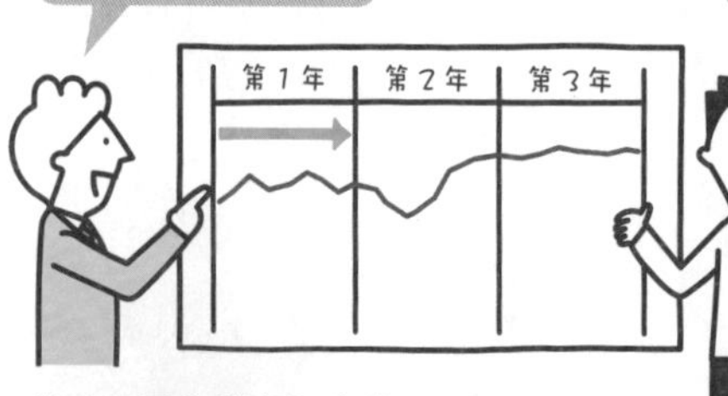
第1年
第2年
第3年

許多公司會制定年度或3至5年的中期計劃，但在變化迅速的行業中，這種做法往往難以奏效。

村井勝

前日本IBM通訊事業本部長，康柏電腦首任社長

Step 2 電腦業界的變化非常迅速

和10年前比
幾乎沒有變化！

10年之間會有
那麼多變化嗎？
電腦業界在10年內就會
變得完全不同。就像是
智慧型手機這樣…

在變化劇烈的IT業界，新技術日新月異地進步。

Step 3 將年度計劃每個月更新以應對變化

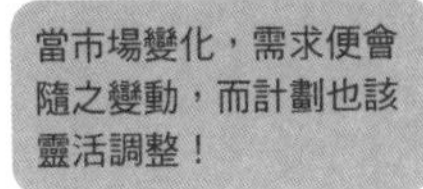
當市場變化，需求便會
隨之變動，而計劃也該
靈活調整！

我們才剛執行年度計劃
一個月而已…

若不能緊跟社會變化，像水一般靈活調整計劃，就會被時代拋在後頭。

參考《社長が読み解く「ビジネスの鉄則」ここにあり（總裁解讀「商業的鐵則」在此，暫譯）》《President雜誌1997年1月號》

10 戰爭一旦敗北，一切就結束了

戰爭無法重來，
但商業可以

Step 1 在戰爭中失敗意味著死亡

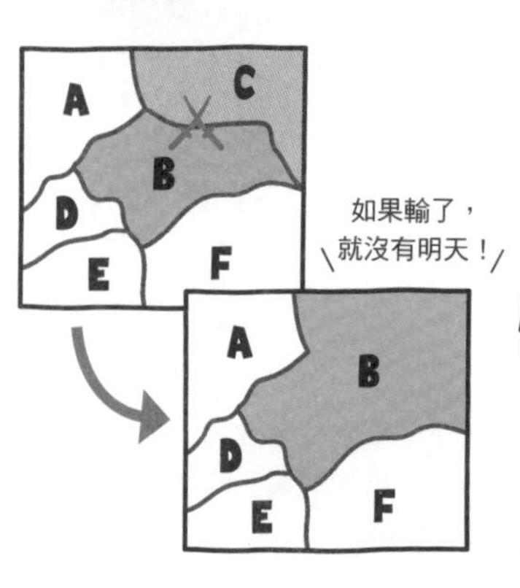
A
C
B
D
E
F
如果輸了，
就沒有明天！
A
B
D
E
F

在亂世中，
失敗就意味著死亡。
饒我一命吧！

國家滅亡後，一切都隨之結束，戰爭中喪生的人再也無法復生。

Step 2 商業有許多情況是可以重新挑戰的

這次給您添麻煩了！
反省該反省的部分，
下一次挽回局面！

能夠重來是商業的好處～

與戰爭不同，商業中的大多數情況都允許重新挑戰，失敗可以成為成長的養分。

Step 3 要看清楚可以重來的程度

破
產

但現在要是求職失敗，
或者選錯公司，後果就
很慘了！

在無法重來的社會
中，我的不敗戰略或
許能派上用場！

可以重來的機會每年都在變化。當今是個就業不穩定、錯誤代價高昂的時代，這正是《孫子》智慧大放異彩的時刻。

Column 2

撰寫《孫子》孫武的生平

《孫子兵法》的作者孫武，他的一生仍有許多未解之處，
尤其關於他的死亡，有各種不同的說法。

孫武的推測生平

春秋時代(年代不明)	孫武出生於齊國
年代不明	移居至吳國的穹窿山
	撰寫兵法十三篇原型的草稿
前512年	在吳王闔閭面前指揮後宮美女，並被授予將軍職位
前506年	吳國向楚國宣戰，孫武以將軍身份參與戰爭
	攻陷楚國首都郢城
年代不明	根據戰爭經驗對兵法十三篇進行修訂
前496年	孫武反對，但吳國仍向越國宣戰，最終戰敗
	吳王闔閭去世
前494年	繼任的吳王夫差再次向越國進軍
	逼迫越王句踐，達成和議
年代不明	和孫武共同反對戰爭的伍子胥，被處死
	孫武也在同時期被殺害（有多種說法）

關於孫武的死，存在各種說法

- 與伍子胥一起被處死
- 逃亡生活後被夫差找到並殺害
- 通過穹窿山逃往齊國，之後在樂安去世
- 通過穹窿山逃往齊國，之後在齊國西南地區去世

Chapter 3

出奇制勝的策略

無論是在戰爭還是商業中，競爭對手始終無法避免。本章將探討如何超越對手的祕訣，深入分析《孫子》教義的核心思想。

於 Chapter 3 登場「孫子的話語」 Part.3

用間篇

「故明君賢將，所以動而勝人，成功出於眾者，先知也」

（明君賢將在戰鬥中必定能擊敗敵人，獲得輝煌的成功，這是因為他們能夠提前探查敵情）

➡P.62

始計篇

「兵者，詭道也」

（戰爭是一場欺騙的較量）

➡P.64

九地篇

「是故始如處女，敵人開戶；後如脫兔，敵不及拒」

（起初要表現得像處女一樣以引誘敵人的鬆懈，之後再如脫兔般迅猛攻擊，敵人將無法招架）

➡P.66

行軍篇

「鳥起者，伏也」

（鳥兒驚飛，顯示伏兵的存在）

➡P.68

虛實篇

「故善戰者，致人而不致於人」

（善於作戰的人不會跟隨對方的作戰行動，反而會設法讓對方進入自己策劃的行動中）

➡P.70

作戰篇

「夫鈍兵挫銳，屈力殫貨，則諸侯乘其弊而起，雖有智者，不能善其後矣」

（如果戰爭拖得太久，軍隊會疲憊，士氣會衰退，戰力耗盡，財政危機隨之而來。此時，其他國家便會趁機攻擊。一旦到了這種地步，再多的智慧也無法挽回局勢）

➡P.72

虛實篇

「能使敵自至者，利之也；能使敵不得至者，害之也」

（為了讓敵人發動作戰行動，必須讓他們誤以為這樣做對他們有利。相反地，為了讓敵人放棄作戰行動，則要讓他們誤以為這樣做對他們不利）

➡P.74

兵勢篇

「凡戰者，以正合，以奇勝」

（當與敵人對峙時，採用正面進攻；在擊敗敵人時，採用奇襲作戰）

➡P.76

兵勢篇

「戰勢不過奇正，奇正之變，不可勝窮也。奇正相生，如循環之無端，孰能窮之哉」

（戰爭的形式由「奇」與「正」兩者構成，但其變化是無窮無盡的。「正」可以產生「奇」，而「奇」又可以轉化為「正」，就像一個圓環般連綿不絕。因此，沒有人能夠完全掌握它的變化）

➡P.78

作戰篇

「故智將務食於敵」

（智謀過人的將軍，會努力在敵方領土內獲取糧草與糧食）

➡P.80

虛實篇

「故形兵之極，至於無形」

（戰爭謀略的真髓在於，讓敵人無法察覺我方的動向）

➡P.82

01 成功的關鍵在於情報收集能力和判斷力

訊息差異
可以發揮力量

Step 1 策略是否已被對方知曉

獲得了好情報！
有個防禦薄弱的堡壘！
做得好！
那麼，就在對方察覺前，迅速地發動攻擊吧！

無論情報收集能力或判斷力多強，戰略是否被對方知曉都會影響戰鬥方式。

Step 2 若對方未能識破我方策略就全力進攻

全力進攻！
敵人!?
我怎麼不知道
他們會進攻？

如果對方不知道我方策略，就可以利用事前掌握的情報尋找破綻，大幅提升勝率。

Step 3 想贏的話，必須徹底隱藏自己的計畫

明白了！
別讓這些資料
落到競爭對手
手中！
這是公司機密資料！
公司機密

即使掌握了其他公司的情報，若自家情報洩漏，對方也能制定應對策略，因此必須格外謹慎。

02 攻其不備，出其不意

戰爭歸根結底
就是一場騙局

Step 1 裝作自己不怎麼樣

看來他也沒什麼了不起的～
哼～
啊，你好…
呵呵，他在小看我。

把自己裝得平凡，對手就會鬆懈，從而產生破綻。

Step 2 讓對手產生誤解

看來只要守住山邊
就沒問題了吧！
愚蠢，這可是
誤解啊～

若能讓對手捕捉到錯誤的訊息，而不察覺你的真實意圖，對方便會產生誤解並採取錯誤的對策。

Step 3 在這段時間內，準備反敗為勝的計畫

趁對手還在誤解
的時候，快抓緊
時間準備！

當對手沒有察覺到你的真正意圖時，就是逆轉機會。務必要穩步準備，為勝利鋪路。

03 透過引誘使對手鬆懈，找到勝利的機會

創造對自己
有利的局面

Step 1 戰爭中欺騙對手是常態

他們完全不知道
有大批人馬在隱藏。
快逃啊～
站住～
這群傻瓜！

戰爭往往不是力量的對決，而是通過欺騙來決定勝敗。

Step 2 現代商業中也可使用誘敵策略

○○公司
小公司經營
真的很辛苦啊～

△△公司
我們公司的
生產效率很
低…
其實我們生產了
很多產品呢！

隱藏真正意圖來欺騙競爭對手的誘敵策略，在現代商業場景中也十分有效。

Step 3 無法對能看穿陷阱之人使用

…難道你其實已經
準備好很多產品了？
感覺很可疑，
我先下手為強！
哇啊～
△△公司
被看穿了嗎！

誘敵策略一旦被看穿就無效了，對於有著敏銳觀察力、能識破陷阱的高手來說是行不通的。

04 看穿競爭對手的誘騙

捕捉到一些
微妙的變化

Step 1 草叢中鳥突然飛起，讓人警覺

啾—
突然有鳥飛起來，
真可疑…
?

草叢中鳥兒飛起，可能是那裡隱藏著兵力。即使是微小的事情，也要保持警覺，才有可能取得成功。

Step 2 商業中也會出現可疑的動向

關於合同的事情，
麻煩請於今天簽訂。
急著要這樣做，
讓人覺得可疑…
是不是發生了什麼？

在商業中，注意到一些微妙的變化可以成為了解對手意圖的線索。

Step 3 擁有解讀細微跡象的觀察力

那種可疑的情況
可能就是這樣…

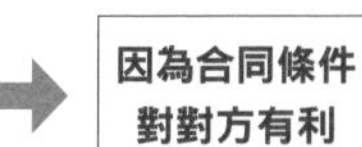
想要加快
合同的進程
因為合同條件
對對方有利

注意到細微的變化，並從中推測隱藏的意圖，這種能力變得至關重要。

05 保留能夠轉變方向的餘力

若有再戰的餘力，
就能夠重新開始

Step 1 只要經營資源存在，短期內都能應付

資金充足，
依然是短期戰鬥！
銷售額
本公司
競爭對手公司
什麼時候才能戰勝競爭對手公司呢？

在開展業務時，短期結束極為重要。不過，只要事業的資源沒有耗盡，就仍然是可以重新開始的戰鬥。

Step 2 新創事業本來就不容易成功

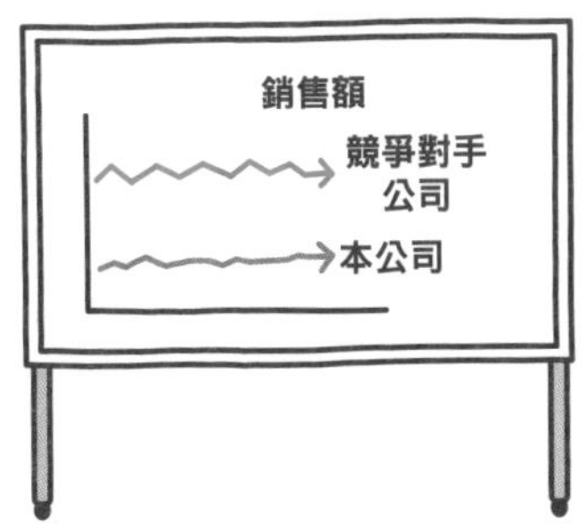
銷售額
競爭對手公司
本公司

不行…
事業進展不順！
資金是有的，
這裡需要重新
規劃一下嗎？

在新事業的情形下，最初的計畫往往難以成功，需要在過程中進行調整。

Step 3 為了最終成功，必須保留餘力

最後的資金
轉變方向
取得了成功！

我們贏過
競爭對手公司了！

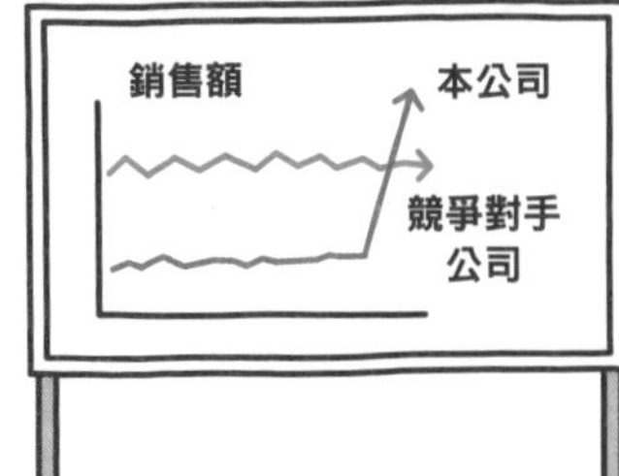
銷售額
本公司
競爭對手公司

通往最終成功的關鍵在於，從最初的計畫轉變方向，並保留資源和餘力以迎接再戰。

參考《イノベーションへの解（創新的解答）》Clayton M. Christensen、Michael E. Raynor著，玉田俊平太、櫻井裕子（李芳齡、李田樹）譯／翔泳社（天下雜誌）

06 將先發制人轉化為勝利

掌握主導權

Step 1 進攻者能獲得先驅利益

這個案子，由我們公司負責主要業務，貴公司負責輔助業務。
貴公司僅僅是輔助業務，所以利潤分配為10%。
高層
咦～！

不僅僅在談判中，在商業或遊戲等競爭中，搶佔先機也會帶來優勢。

Step 2 若對方已做好準備，那就沒意義了

我就知道
你會這樣做！
…不過，我們公司擅長的是主要業務啊。
無論怎麼看，貴公司應該是輔助業務才對！

即便搶得先機，如果對方早有準備，依然可能會被逆轉。

Step 3 取得先機並掌握主導權

請多多關照
我們公司～
真是
沒辦法啊～
前一晚
戰鬥從前一天晚上
就開始了！

正因為擅長這個案子，
才希望你們做輔助幫忙支援。
你竟然要求合作！
是吧～

這可真是
出乎意料！

有時候出其不意、無論如何都要搶先下手，掌握主導權才是關鍵。

07 讓對方相信會帶來利益

人和組織
是因為利害關係
而運作的

Step 1 利益可以用來操控人和組織

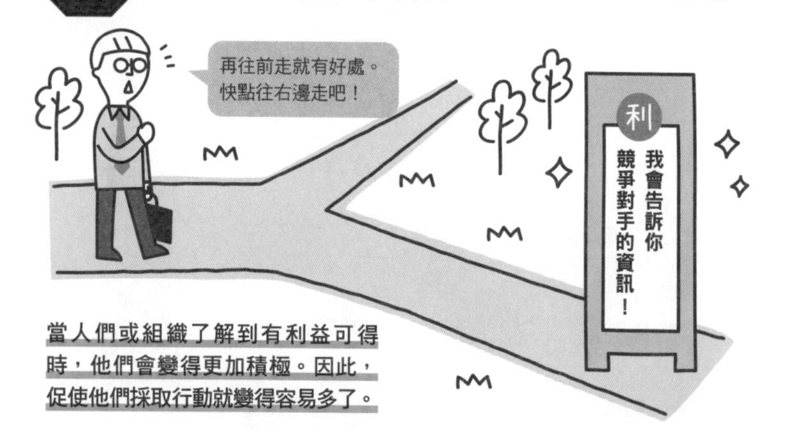
再往前走就有好處。
快點往右邊走吧！
利
我會告訴你
競爭對手的資訊！

當人們或組織了解到有利益可得時，他們會變得更加積極。因此，促使他們採取行動就變得容易多了。

Step 2 人和組織可以用害處來操控

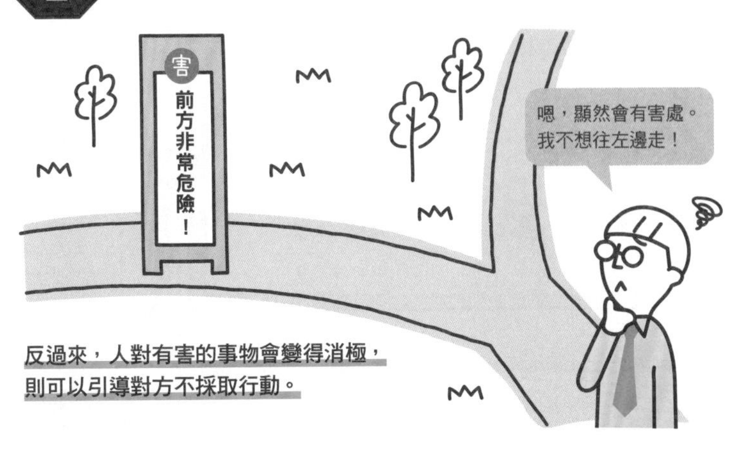
害
前方非常危險！
嗯，顯然會有害處。
我不想往左邊走！

反過來，人對有害的事物會變得消極，
則可以引導對方不採取行動。

Step 3 在利益之前設下陷阱

利
要告知情報的是你吧～
我會告訴你
競爭對手的資訊！
終於，
快到了～

透過引誘對方的利益使其行動，
並抓住其中的空隙，就能將主導
權掌握在自己手中。

08 交替使用正面進攻法與奇策

偏向一種攻擊方式是無法取勝的

Step 1 正面進攻法會使對方的防禦變得堅固

沒有攻擊的空隙啊…
正面戰鬥的話，我不覺得會輸！

使用正面進攻法時，對方的防禦會變得非常穩固，很少有產生空隙的機會。

Step 2 另一方面，奇策會帶來風險

從懸崖下潛入，
從背後突擊！
但是，有一個錯誤，我們就會全滅！
可以將大意的敵人一網打盡…！

對大意的敵人發動奇襲攻擊，雖然能期待巨大的成果，但同時也伴隨著風險。

Step 3 靈活運用兩種策略非常重要

先從正面觀察情勢！
正
奇
一旦抓住機會，立即全力出擊！

先用正面進攻法仔細觀察敵方動向，等到出現破綻時，再迅速進行奇襲，是非常有效的策略。

09 讓對方仔細思考利害關係

透過彼此試探
來拖住對方的行動

Step 1 對方的反應可以分為兩種

正 ▶ ・在預料之中
・正如預想的那樣

奇 ▶ ・出乎意料
・對方掉以輕心

對方的反應大致可以分為「正」和「奇」兩類。

Step 2 揣測對方的想法是無止境的

設法破解對方的策略吧！
不，對方可能已經預測到這一點。這時要破解對方的預測…
表面
背面
那就再破解預測的預測…
這樣下去沒完沒了！

如果不斷想著破解對方的策略，最終會陷入無止境的迴圈，無法前進。

Step 3 還在思索時行動會暫停

他們已經攻過來了！
接下來他們會怎麼行動呢…
我們必須考慮各種可能性！
背面
就是現在！上吧！

當敵人還在揣測時，正是發起攻擊的絕佳時機。

10 善用當前的資源

也有不需要
攜帶資源的方式

Step 1 戰爭中，糧食的補給是一大難題

要趕快送到…
真不方便啊…
在糧食送達前
暫停進軍！

戰爭與糧食問題密不可分，帶著糧食行軍是一件麻煩的事。

Step 2 拿破崙在敵地獲取食物

敵地就是要充分利用，
才能有所收穫！
食物調來了！
我們的食物…
怎麼可以用
這種手段…！
拿破崙

雖然古代中國也曾採取過類似做法，但最為人熟知的例子無疑是拿破崙，他曾在敵方土地上補充糧食。

Step 3 活用他人的資源

用其他公司所擁有
的技術或專業知識
就好！
沒錯！
使用別家
公司的軟體
獲取專業
知識

與其自家研發所有技術，不如活用現有的好資源，這樣能拉開與競爭對手的差距。

11 不拘泥於形式是最強的戰鬥方式

沒有固定形式，後發制人也能勝利

Step 1 人或組織容易受制於既有模式

形式很重要！
是的！
揮100次！
開始！

孫子認為，人或組織常常忘記最終的目標，反而拘泥於形式或程序等手段。

Step 2 劍豪・宮本武藏也提倡無形之道

呀！
為什麼不動…！
瞄準對手動作後所產生的一瞬間破綻！
宮本武藏

宮本武藏提倡的是不拘泥於形式，
甚至可以視為「後發制人」的戰法。

Step 3 沒有破綻的組織隨時都能出擊

接著本公司的戰略是…
我們已做好準備了！
可立即採取行動了！
已研究透徹，我們競爭對手的手段！
簡直像宮本武藏一樣的組織！

對於無形的組織來說，因為能細緻地觀察對方，
幾乎不會出現破綻的時機。

Column 3

「風林火山」這句話源自《孫子》

武田信玄將「風林火山」作為軍旗的旗印而聞名，而這句話其實出自《孫子》。孫武認為，那些讓對手無法預測、神出鬼沒的行動團隊，才是最優秀的軍隊。

故其疾如風，其徐如林，侵掠如火，不動如山

有時如疾風般迅速行動，有時又如森林般靜謐無聲。
有時以火焰般的猛烈攻擊，有時又如高山般穩如泰山，不動如山。

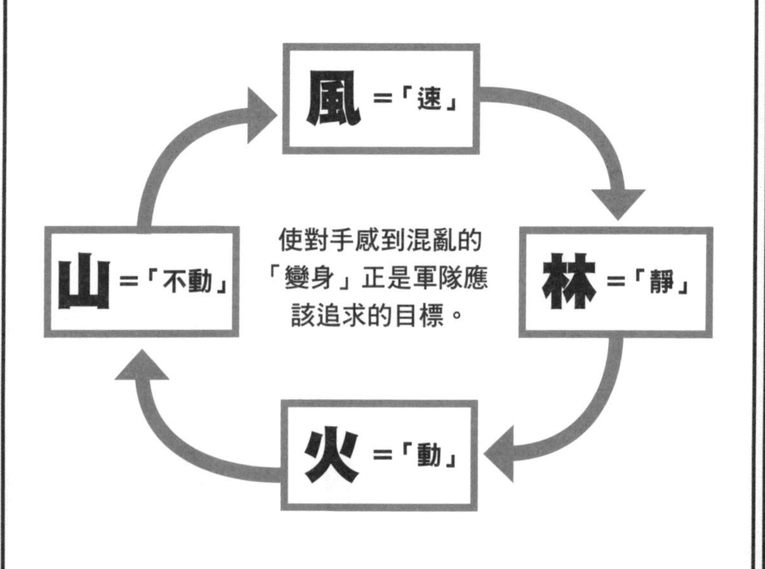

風 =「速」
林 =「靜」
火 =「動」
山 =「不動」
使對手感到混亂的「變身」正是軍隊應該追求的目標。

Chapter

4

領導者所需的心態

在組織中擔任核心角色的領導者。要使組織團結起來，需要什麼呢？站在上位者應具備什麼樣的資質呢？我們將從《孫子》的教誨中學習。

於 Chapter 4 登場「孫子的話語」 Part. 4

始計篇

「道者，令民與上同意」

（道是使國民與君主心意相通的事物）

➡P.88

謀攻篇

「國之輔也。輔周則國必強，輔隙則國必弱」

（將軍是君主的輔佐者。若輔佐者與君主關係親密，國家必定強大；
相反，若缺乏親密，國家便會衰弱）

➡P.90

地形篇

「視卒如嬰兒，故可以與之赴深溪；視卒如愛子，故可與之俱死」

（對於將帥來說，士兵就像是嬰孩一樣。唯有如此，士兵才會願意與他一同深入險境。對於將帥來說，士兵如同自己的孩子。唯有如此，士兵才會心甘情願地與他一同共赴生死）

➡P.92

行軍篇

「令素行者，與　相得也」

（平時嚴格遵守軍紀，才能贏得士兵的信任）

➡P.94

行軍篇

「卒未親附而罰之，則不服，不服則難用也」

（士兵尚未完全歸附時便過度施加懲罰，士兵將不會心服。
對於不心服的人，難以有效指揮運用）

➡P.96

地形篇

「非天之災，將之過也」

（組織內的問題並非由不可抗力引起，而是顯然由於將領的過失所導致）➡P.98

地形篇

「卒強吏弱，曰弛；吏強卒弱，曰陷」

（士兵強而軍官弱的軍隊，稱為「紀律鬆弛的軍隊」。
軍官強而士兵弱的軍隊，稱為「士氣低落的軍隊」）➡P.98

始計篇

「將者，智、信、仁、勇、嚴也」

（將軍的條件是智慧、信義、仁慈、勇氣和威嚴）➡P.100

九變篇

「將有五危」

（將帥容易陷入的五種危險）➡P.102

九變篇

**「是故智者之慮，必雜於利害，雜於利而務可信也，
雜於害而患可解也」**

（智者必定從利益和損失兩個方面來考量事物。也就是說，考慮利益時，也必須將損失納入考慮，這樣事情就能順利發展。反之，遭遇損失時，也應該考慮因損失可能帶來的利益，這樣就能避免不必要的憂慮）➡P.104

九地篇

「將軍之事，靜以幽，正以治」

（在統率軍隊時，必須始終保持冷靜且嚴正的態度）➡P.106

01 能否將組織團結成一個整體

部下是否喜愛自己
是非常重要的

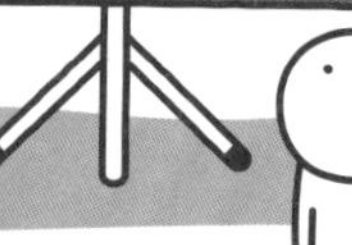

Step 1 無論什麼國家或組織皆存在反體制派

部下並不一定會遵從命令。

在古代中國的戰爭中，也出現過因為珍惜生命而不遵從命令，或者不認真作戰的人。

每天至少要拜訪10家公司進行業務！
覺得麻煩，想偷懶～
討厭課長，就忽視他吧～
A公司

Step 2 在敵國中也有背叛的國民

如果領導者不受人歡迎，可能會出現考慮背叛的部下！

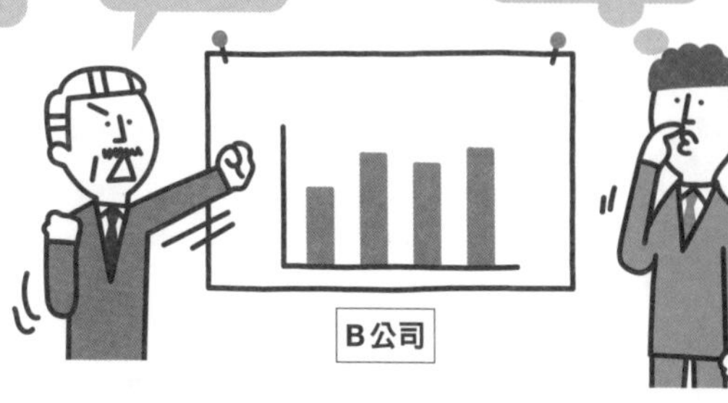
全力以赴擊敗A公司！
其實希望A公司能收購我們…
B公司

有人會認為「我們國家的君主很糟糕，還不如讓敵國來統治」，因此背叛自己的國家。

Step 3 獲得支持是非常重要的

優秀領導者會獲得來自競爭對手公司的支持！

競爭公司B的總裁真有魅力～
我想為B公司工作！
要不要直接轉職到B公司呢！

受到支持的企業領袖（君主），能夠創造出甚至連競爭對手公司（敵國）都期待提供支援的局面。

02 高層與領導者之間關係必須良好

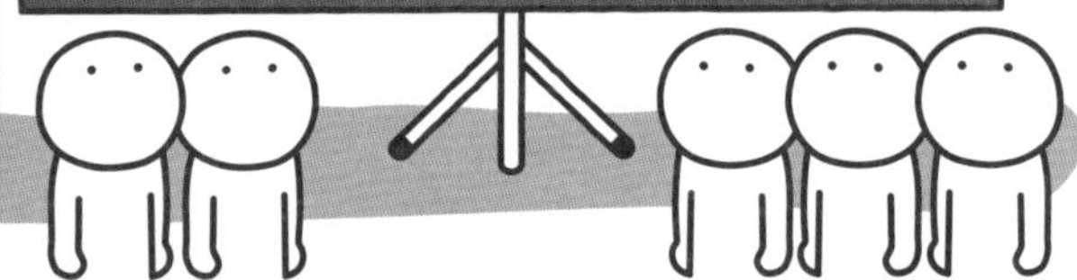

若兩者之間存在隔閡，就無法變得強大

Step 1 高層不應該插手太多

我在現場工作時的做法是…
好了好了…

像是推廣新產品那樣～
是的！

組織的高層通常會想要介入現場，但將權責交給了解現場狀況的領導者是非常重要的。

Step 2 領導者有時也可以忽略高層的指示

只擺放
最暢銷的商品！
即使是不暢銷的
商品，也有顧客
喜歡啊～
一如往常地將
商品排列好！
是的！

雖然應該遵從組織高層的命令，但如果實際情況與命令不符，有時也需要忽視。

Step 3 關鍵在於是否被全權委任

從今天開始，我們的
店將實行週休三日！

我可沒有
全權委任啊！

領導者之所以能夠自由行動，是因為被組織高層全權委任。如果沒有得到全權，那只是叛亂而已。

03 要有如同看護孩子般的度量

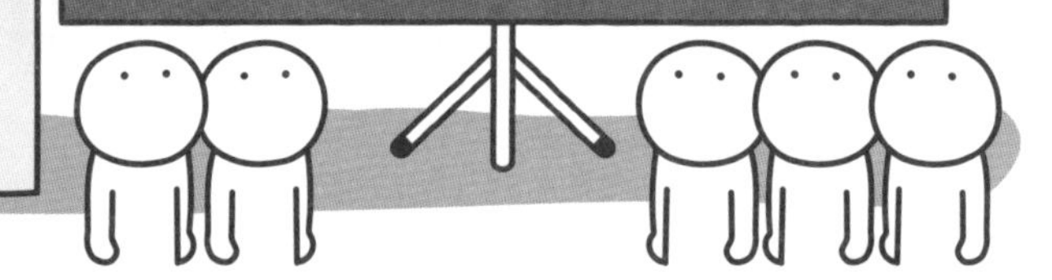
沒有慈愛的精神，
不會有人追隨你

Step 1 部下不是消耗品

我身體不適，
能請早退嗎？
吃了藥就沒事了，
繼續工作！

用這種方式，
沒人會跟隨你！

無論是在戰場還是商業上，領導者都不應隨便對待下屬。

Step 2 像父母般帶著情感，部下才會跟隨

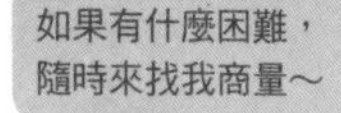
如果有什麼困難，
隨時來找我商量～

他真是個
親切的上司～
簡直像
父母一樣～

平時對部下如同對待自己的孩子般，充滿愛情，部下就會信賴上司。

Step 3 溫柔與嚴厲是關鍵

對不起！
他其實也有相當
嚴格的一面啊～
把這裡的錯誤
馬上改正！

雖然說是如同對待自己的孩子，但這不代表要過度縱容，嚴格管教也是很重要的。

04 讚美部下的時候，要確實地讚美

對部下的
賞罰要明確

Step 1 如果不夠溫柔，無法贏得他人的認同

一直都
很努力呢～
謝謝您！

當部下感受到上司的溫柔，就會願意聽從上司的指示並行動。

Step 2 光是溫柔，無法培養部下

反正不會被罵，
偷懶一下吧～
贊成！

然而，如果上司只是溫柔，部下的工作態度可能就會變得鬆散。

Step 3 賞罰分明，組織才能正常運作

你很努力了，
給你加薪！
我將處罰你！

在表現優異時給予適當的肯定，表現不佳時則要嚴格指導。只有兩者兼顧，才能建立一個良好的組織。

05 最優先的應該是讓部下心服口服

懲罰應在部下
完全信任你之後進行

Step 1 如果過於強調嚴厲是不行的

新人遲到是不應該的吧！
也會影響到考核！

對於還不太熟悉工作的部下，過於嚴厲的指導是不好的！

如果一開始就強調責罵或懲罰，會讓部下的心漸漸遠離。

Step 2 讓部下覺得「跟著這個人走是對的」

資料整理得很好呢～
這裡可以再這樣改進一下哦～

溫柔地指導，可以贏得部下的信任！

帶著愛心和關懷來指導，
部下會真心依賴上司。

Step 3 能避免職場霸凌或性騷擾的問題

新人是不應該遲到的吧！
我被職場霸凌了！

我對你有期待，要更加努力喔！
想著要回應上司的期待，下次會努力做到！

如果有部下的信任，
就不會被認為是職場霸凌～

得到部下的信任，就能避免被誤解為職場霸凌或性騷擾。

06 團隊失敗的原因是高層與現場的平衡失調

避免失敗的
6種情況

Step 1 導致團隊失敗的問題①

1.與對手實力差距過大

贏過大公司A公司！

太不現實了吧⋯

2.上司無法充分利用優秀的部下

是否有
更有效率的方法？

這是我的做事方式！

3.部下無法跟隨上司的步伐

怎麼了？
快跟上啊！

部長的步調太快，
我跟不上⋯

如果上司與部下之間存在距離，或是力量平衡失調，團隊就會失敗。

Step 2 導致團隊失敗的問題②

4.紀律混亂

當團隊紀律混亂、氣氛糟糕時，就不可能贏得勝利。

這是無故缺勤！
抱歉～
我真不想
再跟你一起工作！
我也是
這麼想的！
好啦好啦，
冷靜點⋯

該怎麼辦？
我們手裡已經
沒有任何勝算了⋯

5.團隊正在崩壞

6.沒有勝算的策略

Step 3 問題出現的原因是平衡失調

當上司與部下的平衡
到位，團隊就能凝聚
在一起！
我們會努力
貢獻力量！
若能保持力量平衡，
團隊就能夠順利地
合作完成任務！

當團隊的平衡失調時，容易出現導致失敗的問題。

07 領導者所需的資質是什麼

團結組織需要
5種力量

Step 1 內向的力量與外向的力量

領導者必須具備這5種力量！

需有預見未來的智謀！
需有實行的勇氣！
1
2

需有來自部下的信任與忠誠！
需要有讓部下敬畏的威嚴！
需要有關懷部下的仁慈！
3
4
5

智謀、勇氣、信義、仁慈、威嚴這5種力量，可以分為團結組織的內向力量，與為了與競爭對手對抗的外向力量。

Step 2 江戶時代儒學家荻生徂徠的解釋

太過仁慈
而無法嚴厲。
思考太多
而無法執行。

有過多的勇氣，
結果不經思考
就行動。

太有威嚴，
難以表現溫柔。

江戶時代的儒學家荻生徂徠指出，一個人很難具備所有的領導資質。

Step 3 若有不足之處，可以互相補足

我有勇氣與信義！
我有智謀與仁慈！

組成搭檔，
互補不足之處！

與具備自己缺乏能力的人搭檔，能夠彌補不足的地方。

08 轉換視角來看事情，做出正確的判斷

重要的是
保持平衡的觀點

Step 1 觀察利益與損害

設備老舊了，
想買新的～
我們應該考量
成本效益後再
做決定！

聰明的領導者會同時觀察事情的正面（利＝利益）和負面（害＝損失）。

Step 2 重要的是要有良好的平衡觀點

目前熱門IT企業的
CEO山田先生！

他一定是個
了不起的人吧～
不過，還是得看看
他的實績，才知道
真相！

不被世間的印象所左右，
用客觀的角度看待事物。

Step 3 是否能做出正確的判斷

如果跌到這麼低，
說不定是買進的好
時機！

以為評價不錯就
買的股票竟然大
暴跌了…

在充分考慮事情的正反兩面之後，
才能做出客觀且冷靜的判斷。

▶▶商業實例

09 羅伯特・艾倫・費爾德曼的《孫子》活用法

如果5種力量
失去平衡，
就無法獲勝

Step 1 將軍應該均衡地擁有各項條件

只有其中一項
過於突出反而不好！
我智謀超群！
大家都說我
太仁慈了～
我只是勇氣過人！
我對信義方面，
非常有自信！
提到威嚴，
非我莫屬～

一位好的領導者應該均衡地擁有領導者所需的5項要素（請參見第100至101頁）。

Step 2 如果其中一項是零，那麼全部都是零

這5要素不是加法，
而是乘法！

智 × 信 × 仁 × 勇 × 嚴
0 30 10 20 40
＝0
如果有一項是零，
那麼全都會歸零！

經濟分析師羅伯特・艾倫・費爾德曼說過，這5項要素是乘法。

Step 3 必須努力彌補自己的缺點

你的創意能力
很棒耶～
但你優柔寡斷，
缺乏決斷力！
原來我的決斷力
是個問題啊！

為了取得成果，5項要素的平衡很重要。了解自己在哪些方面有所不足，是關鍵所在。

參考《最高の戦略教科書 孫子（最高的戰略教科書 孫子，暫譯）》（守屋淳 著/日本經濟新聞）

10 用退一步的角度看待事情

領導者的職責是引導部下的方向

Step 1 領導者必須保持冷靜

承擔著決定國家與士兵命運的將軍，必須時時保持冷靜。

……

將軍在想什麼，我們無法知道。

如果非要說的話，就是沉默寡言吧。
不是的，那位將軍只是很冷靜而已。

Step 2 能否讓部下採取行動是關鍵

在不懂目的的情況之下，我們已經按指示走到這裡了。
無論如何，已無路可退！
到這種地步，只能硬著頭皮上了，走吧！

正如我所預料，他們似乎要發揮潛力了～

把士兵逼到極限，讓他們覺得「只能做了」。但這個做法不能直接應用於現代商業。

Step 3 保持退一步的立場才是領導者的象徵

我好睏…
努力工作！
我好餓啊～
好累啊…

士氣低落了，讓他們休息一下～

為了準確掌握戰況，並在戰鬥中佔據優勢，退一步觀察部下的狀況至關重要。

Column 4

培養不畏死亡的士兵是領導者的責任

在歷史書《史記》中，記載了《孫子》的作者孫武被授予將軍職位的故事。

精通兵法的孫武受到吳王闔閭的賞識，為了證明他所講述的兵法能夠在實戰中應用，他決定訓練闔閭後宮的美女們。首先，孫武組建了兩個隊伍，並任命兩位受寵的妃子擔任隊長。然而，這些美女們並不認真對待訓練。見狀，孫武說道：「按照命令行動是隊長的責任。」隨後，他處死了兩位妃子。受到驚嚇的美女們從此對孫武的命令言聽計從。看到這一幕，闔閭承認了孫武無可比擬的實力，並任命他為將軍。

九地篇

「聚三軍之眾，投之於險，此謂將軍之事也」

（將全軍逼入絕對困境中，迫使他們背水一戰。這就是將領的職責所在）

ひぃぃ

Chapter

5

建立不敗的組織

組織的力量是影響勝敗的關鍵因素。現在將為您介紹如何建立一個無論如何都不會輕易失敗的組織。

於 Chapter 5 登場「孫子的話語」 Part. 5

虛實篇

「我專為一，敵分為十，是以十攻其一也」

（假設我們集中兵力於一處，而敵人則四處分散。這樣一來，我們便能以十倍的力量對抗敵方的單一力量）

➡P.112、114

九地篇

「夫吳人與越人相惡也，當其同舟而濟。遇風，其相救也，如左右手」

（吳國和越國本是世仇，然而如果兩國之人碰巧同乘一條船，遇上暴風雨，船險些翻覆，那麼他們必定會像左右手一樣齊心協力，互相幫助）

➡P.116、118

兵勢篇

「激水之疾，至於漂石者，勢也」

（被阻擋的水形成猛烈的激流，將岩石沖走，這是因為水流本身擁有強大的力量）

➡P.120

軍爭篇

「朝氣銳，晝氣惰，暮氣歸」

（人的精力早晨時最為旺盛，到了中午便開始疲乏，到了傍晚則會渴望休息）

➡P.122

九地篇

「投之亡地然後存，陷之死地然後生。夫眾陷於害，然後能為勝敗」

（將軍必須將士兵逼入絕境，進入死地，這樣才能開闢出生路。士兵只有在處於危險境地時，才會全力以赴，拼死戰鬥）

➡P.124

01 如果想要勝利，就必須集中力量

以有利的戰術
戰勝對手

Step 1 意想不到的攻擊會使對手分散力量

當敵人不知道攻擊來自哪裡時，只能分散防守。

呵呵，出其不意打擊敵人了！

不知道敵人到底會從哪裡襲擊過來！
暫時全方位防守吧！
關所
敵國
首都
副都

Step 2 集中力量會更有利

從這開始，全員
一起進攻吧！
一口氣攻過來了～
分散力量反而成
了致命傷嗎…

被攻擊的一方因為分散部署兵力，導致戰況不利。

Step 3 在商業中，選擇和集中也很重要

如果在相同的領域競爭，無論是經營資源還是人力資源，集中力量比分散更有利。

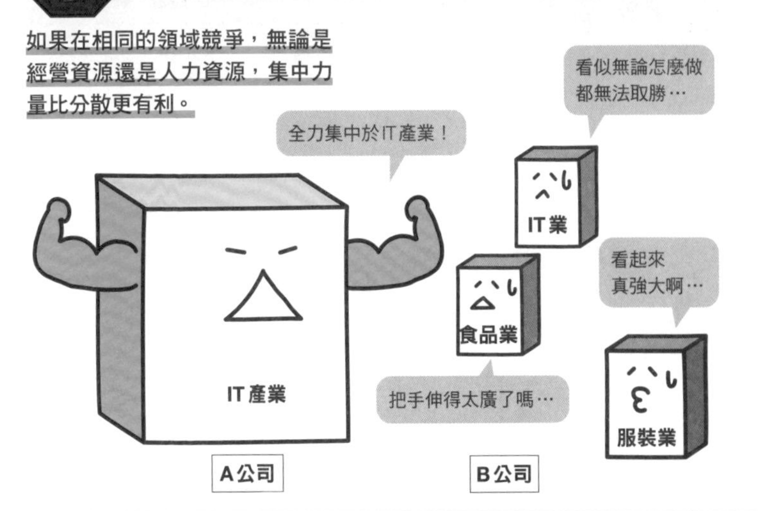
全力集中於IT產業！
看似無論怎麼做
都無法取勝…
看起來
真強大啊…
把手伸得太廣了嗎…
IT產業
IT業
食品業
服裝業
A公司
B公司

▶▶商業實例

02 中條高德的《孫子》活用法

選擇與集中的祕訣

Step 1 在拉格啤酒領域，麒麟啤酒是領導者

拉格啤酒產業

在拉格啤酒界，
我是最強的！
市佔率
超過60％
和第一名
差了6倍…
等著看吧！
BEER
①
麒麟啤酒
②
札幌啤酒
③
朝日啤酒
市佔率
不到10％

在朝日啤酒業績低迷時，逆轉業界龍頭麒麟啤酒被認為是不可能的。

Step 2 打不贏就在不同的領域中求第一

其他公司的啤酒技術專家
現實來看，在拉格啤酒中競爭是合理的！

BEER
朝日啤酒・中條高德
讓我們在不同於拉格啤酒的領域與麒麟啤酒較量！

朝日啤酒的中條高德鎖定了生啤酒，決心在不同領域中展開較量。

Step 3 專注於生啤酒，實現逆轉

集中點

- 在原材料上不惜投入資金
- 過期的啤酒不好喝，所以全面回收
- 透過裁員和資產出售來整頓體制

從拉格啤酒轉向生啤酒，將資源集中於此後，朝日啤酒成功崛起，最終成為啤酒行業的領導者。

專注於朝日 Super DRY 啤酒！
成為了領導者！
Asahi
Super DRY

參考《孫子とビジネス戦略（孫子與商業戰略，暫譯）》（守屋淳 著/東洋經濟新報社）

03 危機意識一致的組織是強大的

即使是敵對關係，
遇到災難
也會團結一致

Step 1 「吳越同舟」的由來來自《孫子》

「吳越同舟」這個比喻，用來描述敵人之間在陷入困境時互相合作，最早出自《孫子》。

照這樣下去，我們會被浪潮吞沒！
吳
越
在這種時候，
敵人和盟友都不重要！
一起合作活下去吧～

Step 2 團隊合作能產生巨大的力量

一起合作
克服困難吧！
喔～！
本期的銷售額似乎
創下了歷史最低。

正如「吳越同舟」所說，在商業中，當公司面臨困境，全體抱有強烈的危機感時，組織的凝聚力就會增強。

Step 3 善戰者如同「率然」一樣

我也來做
業務！
我會提前
交貨！
我會招募
優秀人才！
我會支援我能
做的工作！
互相合作彼此支持，
才能克服危機！
社長
技術人員
業務人員
新進員工

「率然」是指打頭，尾部就會反擊；打身體，頭和尾都會反擊的蛇。也就是說，協調一致的團隊合作至關重要。

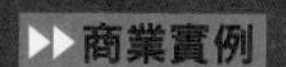
商業實例

04 井原隆一的《孫子》活用法

危機感能帶來動力

Step 1 重振員工沒有幹勁的大企業

宣言

1. 停止人員補充，並在3年內減少18％的人員。
2. 不允許在3年內增加各項經費。

最重要的是還清債務！如果我無法做到，我就辭職！
如果債務減少，剩下的就是我們的利益⋯
如果最終能夠讓薪水增加，還是有希望的⋯

重建無數企業的井原先生，在宣告了要還清公司巨額債務的計畫後，成功在3年內達成了全額償還。

Step 2 如何讓每個人都產生危機感

員工的危機感不足…
如果能夠滿足這點，
應該會激發出幹勁！
我們公司
有這麼多人～
自己不做的話，
總會有人解決吧～

在債務之後，接下來是幹勁問題。由於是規模龐大的大企業，員工常常把事情推給別人，責任感幾乎為零。

Step 3 分拆成獨立公司讓員工無法依賴他人

獨立分公司，讓
員工處於負責任
的位置！
分社化
分社化
分社化
這樣下去，
我只能努力了！
經營竟然
這麼困難…

透過分開公司，使員工處於危機感的邊緣，促使他們認真工作。

參考《孫子とビジネス戦略（孫子與商業戰略，暫譯）》（守屋淳 著/東洋經濟新報社）

05 充滿氣勢的組織是強大的

「氣」的聚集
形成「氣勢」

Step 1 《孫子》所思考的集體能量

出發！

若要充分發揮集體的力量，
「氣勢」是非常重要的！

《孫子》認為充滿氣勢的集體擁有巨大的能量，並且特別重視如何增強這種氣勢。

Step 2 有氣勢時是最有效的

當氣勢正盛時，集體的能量達到滿點，這時候集中力量決戰是最有效的策略。

喔～！
趁著這個氣勢，
一舉殲滅敵人吧！

Step 3 氣勢是由個體集合而成的

昨天
被甩了…
被上司罵了…

個人的氣力連結著
整個組織的能量！

我要在業績上
爭取第一！
我要表現出色，
為團隊貢獻！

氣勢是由個體的氣力集合而成。
培養好的氣力，形成強大組織氣勢是非常重要的。

06 氣勢不會持續太久

氣勢下降，
敵人也是一樣

Step 1 氣勢就像波浪一樣起伏

勢
今天
一定要贏！
有點累了⋯
感覺狀態不太好⋯
衰

就像一天的生理節律一樣，組織的氣勢也會有波動。即使是強大的氣勢，也不會持續太久。

Step 2 敵人也有自己的氣勢波動

當雙方都處於氣勢高漲的狀態時，進攻沒有意義！

哦～！
哦～！

即便我們氣勢正旺，但如果敵人也同樣勢不可擋，便無法保證一定會勝利。

Step 3 利用氣勢的波動差距，就能擊敗敵人

當我們氣勢高漲，而敵人氣勢衰退時，就是攻擊的最佳時機。在差距明顯時，可以占據優勢。

哎呀，現在狀態不太好…
上吧！

要考慮氣勢的波動，瞄準敵人氣勢衰弱的時候出擊！

07 要乘勢而上，就要養成勝利的習慣

養成勝利的習慣，
氣勢就會愈來愈強

Step 1 危機狀況是力量的源泉

已經無路可逃了…
哦～！
如果輸了就會死！拿出你上火場的勇氣吧！

被逼入絕境的士兵們，因為感受到死亡的威脅，爆發出潛力，才能產生氣勢。

Step 2 危機狀況在商業上也有效

你們銷售墊底的人，
如果這季還沒有成果
就要被解雇了…
哦～！
我一定要
留下成果！
已經沒有退路了，
全力以赴吧！

員工在被逼入「可能會被解雇……」這種絕境時，往往會竭盡全力去拼搏。

Step 3 氣勢重要，但養成勝利習慣也很關鍵

偶然打敗了我們的
競爭對手！說不定
這支隊伍很有實力!?

我們又贏了！這樣
下去肯定行得通！

成為銷售冠軍的我們
是最強的團隊！

這種正向的反饋會成
為自信，也會轉化為
團隊的氣勢！

當不經意間搭上氣勢時，為了讓這股氣勢不斷延續，重複正向思考並養成勝利的習慣是非常重要的。

Column 5

成功者都愛讀《孫子》

《孫子》中的理論和理念具有跨越時代的普遍性，對許多在歷史上留名的成功者產生了深遠的影響。接下來介紹一些據說愛讀《孫子》的成功者。

●胡志明（越南革命的領導者）

●毛澤東（中國共產黨的創始者）

他將《孫子》作為自己的著作基礎，並將軍事理論應用於實踐。

●諾曼·史瓦茲柯夫（海灣戰爭時多國聯軍指揮官）

在海灣戰爭中，他並未創新任何戰術，而是一貫地將《孫子》的軍事理論結合科學技術加以實踐。

●比爾．蓋茨（微軟公司共同創辦人）

以「兵者，詭道也」作為開頭，他在自己的著作中多次引用《孫子》的話。

●長嶋茂雄（前讀賣巨人隊監督）

在巨人隊連霸的關鍵比賽前夕，他召集球員和工作人員引用《孫子》的話，激勵了團隊。

●大前研一（經營顧問）

積極將《孫子》的理論應用於商業中，展開了相應的策略。

▶▶ 參考文獻

想知道更多有關孫子的事情，請閱讀以下著作。

『最高の戦略教科書 孫子』（守屋 淳　著／日本経済新聞出版）

『図解 最高の戦略教科書　孫子』（守屋 淳　著／日本経済新聞出版）

『孫子とビジネス戦略』（守屋 淳　著／東洋経済新報社）

『中国古典 名著の読みどころ、使いどころ 人生とビジネスに効く原理原則』
（守屋 淳　著／PHP研究所）

『クイズで学ぶ孫子』（守屋 淳、田中靖浩　著／日本経済新聞出版）

『勝負師の条件 同じ条件の中で、なぜあの人は卓越できるのか』
（守屋 淳　著／日経BP 日本経済新聞出版）

『孫子・戦略・クラウゼヴィッツ』（守屋 淳　著／日経BP 日本経済新聞出版）

『マンガ 最高の戦略教科書 孫子』（守屋 淳　著／日経ビジネス人文庫）

BOOK STAFF

執筆協力　龍田 昇、野村郁朋
插圖　熊アート
設計　森田千秋（Q.design）

監修　守屋淳

中國古典研究家

作家、中國古典研究家。1965年生於東京都。早稻田大學第一文學部畢業。經歷大手書店工作後，目前專注於研究中國古典，主要圍繞如何將《孫子》、《論語》、《老子》、《莊子》等智慧應用於現代為主題，進行寫作、企業培訓和演講。主要著作有《勝負師の条件 同じ条件の中で、なぜあの人は卓越できるのか》、《現代語訳 論語と算盤》、《孫子・戦略・クラウゼヴィッツ》、《最高の戦略教科書 孫子》、《図解 最高の戦略教科書 孫子》等多部作品。

▶▶倍速講義
孫子×商業戰略

出　　版／楓葉社文化事業有限公司
地　　址／新北市板橋區信義路163巷3號10樓
郵政劃撥／19907596 楓書坊文化出版社
網　　址／www.maplebook.com.tw
電　　話／02-2957-6096
傳　　真／02-2957-6435
監　　修／守屋淳
翻　　譯／邱佳葳
責任編輯／吳婕妤
內文排版／謝政龍
港澳經銷／泛華發行代理有限公司
定　　價／350元
出版日期／2025年1月

國家圖書館出版品預行編目資料

倍速講義：孫子 × 商業戰略 / 守屋淳監修；邱佳葳譯 . -- 初版 . -- 新北市：楓葉社文化事業有限公司，2025.1　面；　公分

ISBN 978-986-370-761-5（平裝）

1. 孫子兵法　2. 商業管理　3. 謀略

494　　113018371